Edizioni PensareDiverso
Cenacolo Jung Pauli

Jose Moniz

Estranhas coincidências em sua vida.

Pequenos fatos curiosos.
Pressentimentos. Telepatia.
Isso acontece com você
também?
A física quântica e a teoria da
sincronicidade explicam os
fenômenos extra-sensoriais.

Índice do livro

Introdução

Desde os primeiros desenvolvimentos do pensamento, a humanidade acreditava que algumas coincidências significativas eram sinais pelos quais um nível filosófico ou divino mais elevado buscava dialogar com os homens.

Nos últimos três séculos, tudo isso foi cancelado por novas tendências científicas. Coincidências extraordinárias foram consideradas como consequências do caso. Qualquer um que quisesse interpretar eventos extraordinários como sinais divinos foi ridicularizado.

Da mesma forma, as visões do futuro eram consideradas ilusões ou mesmo sinais de desequilíbrio. Isso, apesar do fato de muitos terem experimentado esses fatos extraordinários.

A ciência negou a existência de uma dimensão psíquica com a qual a mente humana pudesse interagir. Segundo a opinião comum, a única realidade existente eram objetos materiais. No entanto, na década de 1980, experimentos em física quântica demonstraram a existência de um universo que não é composto apenas de matéria. Este universo mantém um nível em que a energia e a informação não sofrem os limites de espaço e tempo típicos da física clássica.

Isto confirma todas as intuições amadurecidas na história da humanidade. Entre essas intuições, o conceito de "Alma do Mundo" enunciado pelo filósofo grego Platão. Mais recentemente, o psicólogo suíço Carl Gustav Jung elaborou a teoria do "inconsciente coletivo".

Este livro evita investigar tópicos excessivamente especializados. O autor claramente acompanha o leitor na compreensão dos três níveis que formam uma única realidade.

O primeiro nível é o físico, que faz parte da nossa experiência diária. O segundo nível é o descrito pela física quântica, típica das menores partículas elementares dos átomos.

O terceiro é o nível psíquico chamado "não-localidade". É o nível espiritual, que não pode estar fisicamente localizado em nenhum lugar.

Este caminho do conhecimento refere-se a descobertas recentes reconhecidas pela ciência oficial. As estranhas coincidências e fenômenos da mente tornam-se partes importantes de uma nova e surpreendente realidade.

Fatos aleatórios e coincidências
significativas

A coincidência consiste em dois fatos interligados para determinar uma sequência lógica. Uma coincidência pode ser programada pela vontade dos homens. Um exemplo clássico de coincidências pré-estabelecidas são os horários das linhas de transporte de passageiros. Em um horário pré-estabelecido, um meio de transporte chega a uma estação. Imediatamente após a jornada continua com outro meio de transporte. Nada mais comum. Mas também existem coincidências que ocorrem sem previsões.

Vamos dar um exemplo. Eu vou ao supermercado, vou ao balcão de pão e pego um número. Minha reserva tem o número 64.

Então eu vou para o balcão de peixe e até aqui a minha reserva tem o número 64. Tudo isso é muito comum no momento. A situação se torna estranha se, saindo do supermercado, eu pego o ônibus número 64. No ônibus eu encontro um amigo que faz 64 anos naquele dia. Felicito-o e desço em frente ao quiosque da Rua Marconi 64. Do vendedor de jornais, compro o número 64 da minha revista preferida. Nesse ponto, o que você acha? Eu poderia começar a me perguntar se não é muito estranho que o número 64 seja repetido continuamente.

Para dizer a verdade, essas sequências numéricas acontecem com certa frequência, mas não percebemos, porque estamos ocupados pensando em outra coisa. Portanto, as coincidências que estão ligadas a um número, como o que acabamos de contar, são estranhas, mas não as levamos em consideração. Na verdade, não percebemos isso. Essas coincidências não se tornam "significativas". Muitas coincidências poderiam se tornar significativas se nos tornássemos conscientes delas e começássemos a fazer o cérebro funcionar.

A pergunta deveria ser: qual é a importância disso para minha vida?

Uma foto antiga

Maria estava entediada. Naquela tarde de domingo, devido a uma leve torção no tornozelo, ela foi forçada a ficar em casa. Depois de folhear todos os seus livros, ele procurou por um programa de TV interessante, mas não o encontrou. Então ele decidiu fazer um pouco de trabalho útil. Por exemplo, havia um cartaz para pendurar. Ela o comprara há alguns meses e ainda estava bem enrolada em seu contêiner.

Essa atividade parecia muito exigente. Ele decidiu em outro pequeno assunto. Finalmente, ele decidiu que era o momento certo para trocar o forro de papel na gaveta de sua mesa.

A gaveta era larga e profunda. Maria puxou, colocou na mesa e começou a transferir todo o conteúdo para uma caixa. Ao pegar os objetos individuais, ficou surpreso ao encontrar tantas pequenas coisas que considerara perdidas.

Quando a gaveta estava vazia, Maria soltou o papel antigo dos alfinetes de desenho que o segurava e apertou-o na mão para jogá-lo. Nesse ponto, ele descobriu um pequeno retângulo de papel que havia ficado bem debaixo da cobertura. Era uma foto antiga.

Nessa imagem, Maria podia se ver muito mais jovem, junto com alguns amigos, durante uma viagem que ocorreu pelo menos vinte anos antes.

Maria começou a examinar a foto com nostalgia porque reconheceu as pessoas reproduzidas. Claro, o da esquerda era Paolo, e o outro ao lado dele era Sergio, apelidado de "Lo Sguincio". A garota no centro era Arianna chamada "La micia". Eles eram todos amigos que ela ainda estava vendo, mas aquele cara entre Laura e Silvio, o cara gordo, quem era ele? Ele tentou se lembrar e no final foi a iluminação: mas sim, era Pebble. No final do ensino médio, sua família havia se mudado, de modo que os contatos se desvaneceram até que os dois se perderam de vista um ao outro.

Ela permaneceu absorta por um longo tempo, fantasiando sobre aquele período de sua vida: a escola e os amigos de quem se lembrava. Agora Pebble apareceu de repente naquela tarde chata. Ele mudou o papel de forro da gaveta e colocou-o de volta no lugar. Então seus pensamentos se concentraram em outra coisa ...

Na tarde seguinte, enquanto ela completava algumas tarefas domésticas, o telefone tocou. Você acreditaria? No outro extremo do receptor, uma voz começou a dizer:

"Oi, você é Maria? Espero que você se lembre de mim, eu sou Pebble e nós fomos para o colegial juntos. Ontem, enquanto pensava naqueles momentos, senti o desejo de recontar velhos amigos e o primeiro número que encontrei na minha coluna é seu ... ".

Dois fatos que não estão conectados entre si podem criar uma "coincidência significativa".

Como é óbvio, a mera descoberta de uma foto antiga é apenas um fato curioso. Mas o telefonema que Maria recebe no dia seguinte estabelece uma conexão inesperada. Para Maria a descoberta da foto e o telefonema têm um "sentido unitário". Quando Maria estabelece que os dois fatos têm um significado, os dois fatos se tornam uma "coincidência significativa".

Somos todos protagonistas de coincidências significativas. Em outras ocasiões, podemos testemunhar as curiosas coincidências. Infelizmente, mesmo se no início estamos um pouco surpresos, nós decidimos que é um caso.

Nós certamente achamos que experimentamos um caso curioso, mas ainda assim um caso simples. Como resultado, armazenamos tudo em algum canto da mente.

Na realidade, "coincidência" nem sempre equivale a "aleatoriedade". Isso é demonstrado pelo fato de que algumas coincidências geram problemas em nossa mente que permanecem sem solução por toda a vida. Às vezes, esses problemas ressurgem e estimulam nossa curiosidade. Percebemos um vago senso de mistério. Temos a sensação de ter perdido uma comunicação útil. Suspeitamos que uma indicação ou sugestão importante esteja nos escapando.

De acordo com o conhecido psicoterapeuta Carl Gustav Jung, que estudou esse fenômeno por um longo tempo e elaborou muitas das teorias descritas mais adiante neste livro, muitas vezes as coincidências são certamente fatos aleatórios simples, mas às vezes não. Jung hipotetizava a existência de coincidências que podiam ser consideradas significativas ou mesmo "numinosas", e as chamava pelo nome de "sincronicidade".

Jung teve o mérito de ter sido o primeiro a estudar cientificamente o fenômeno de estranhas coincidências. Ele partiu da observação de que ninguém pode negar sua existência. Jung também forneceu ferramentas adequadas para entender quando uma coincidência pode ser considerada significativa, ou "numinosa", e portanto se torna uma sincronicidade.

Claro que não é suficiente distinguir entre coincidências comuns e coincidências sincronísticas. Podemos estabelecer que coincidências aleatórias fazem parte de nossa vida diária e derivam do entrelaçamento de nossas atividades com os eventos do mundo ao nosso redor. A característica das coincidências comuns é que elas não nos envolvem ou nos interessam porque consideramos essas coincidências óbvias.

Coincidências sincrônicas, por outro lado, abrem uma enorme janela sobre o panorama do mistério. Essas coincidências nos fazem entrar em mundos cuja existência nunca suspeitamos.

Por trás de toda sincronicidade existem universos desconhecidos inteiros para explorar e uma imensa sabedoria da qual extrair. Infelizmente, não temos olhos para entender essas paisagens. Da mesma forma, não conhecemos a linguagem através da qual as sincronicidades tentam se comunicar conosco.

Há problemas de sintonia entre nossa mente e a mente, das quais as sincronicidades descem a nosso favor.

Uma pequena estátua voando da janela

Remigia, a mulher idosa que serve na igreja dos Arcanjos Sagrados, mais uma vez observou uma menina. Como sempre, a jovem parou e se ajoelhou nos fundos da igreja. Suas visitas sempre aconteciam quando a igreja estava vazia, numa época em que não havia serviços religiosos.

A menina sempre foi muito orante, e sua expressão triste podia ser vista. Naquele dia, no entanto, Remigia viu uma lágrima brilhando em seu rosto. A atendente, por causa de sua bondade natural, mas também de certa curiosidade, esperou que ela se levantasse. Quando ela saiu, ela se aproximou dela tentando abrir um diálogo com ela, para descobrir o motivo de seu sofrimento.

Através de uma troca cordial de pensamentos e argumentos comuns, reuniu suas confidências. A garota, cujo nome era Sabina, estava passando o tempo da juventude, e teria gostado muito de encontrar um namorado para criar uma família. Infelizmente o sonho não foi realizado.

Remigia confortou-a e deu-lhe o melhor conselho. Então lembrou-se de que, entre seus papéis como ajudante de igreja, havia também o papel de vender souvenir.

Então a mulher pensou que era hora de finalmente se livrar de uma estátua do anjo Raffaele. Esse objeto sagrado representava um dos três Arcanjos e fora exposto por trás do vidro do armário de souvenir por muitos anos, uma vez que nunca foi comprado.

"Veja Sabina" - Remigia disse, enquanto ele a levava para o gabinete de lembranças - "Eu sugiro que você reze o anjo Raphael todos os dias, que é o protetor do noivo e do amor casado". Este modelo de gesso é uma cópia de um original em prata encontrado em Nápoles. O Arcanjo Rafael é representado em conjunto com um jovem e um peixe. O jovem foi chamado Tobia, e ele partiu em uma viagem para se casar com uma jovem chamada Sara, como estabelecido por sua família.

Infelizmente, Sara era a escrava do demônio Asmodeus, então toda vez que ela se casava, seu marido morria na noite de núpcias. Esse infortúnio já havia acontecido sete vezes.

Mas Tobia não sabia que ele seria seu oitavo marido.

Felizmente, enquanto viajava para chegar a Sara, Tobia foi acompanhado pelo Angelo Raffaele.

Uma vez na margem de um rio, os dois pararam para descansar. Tobia foi para a praia para beber, mas foi atacado por um grande peixe. Raffaele ajudou-o e juntos mataram o peixe. O anjo disse a Tobias para abrir a barriga do peixe e extrair o fígado dele; ele ordenou que ele o guardasse porque isso lhe traria sorte.

Tobias chegou ao seu destino e preparou-se para celebrar o casamento, enquanto o pai de Sara já estava preparando o túmulo para ele também. Mas daquela vez a tumba foi inútil.

Com a proteção de Raffaele, os dois esposos passaram a primeira noite rezando e fizeram a fumigação com o fígado do peixe. Desta forma, o demônio não conseguiu se aproximar e foi derrotado. Sara foi libertada da maldição e viveu feliz com Tobias ".

Remigia terminou a história desta maneira::

"Você também, querida Sabina, pode confiar em Raffaele. Mantenha esta pequena estátua em sua casa e faça uma oração pelo Anjo todos os dias. Você verá que ele virá em seu auxílio em breve.

Pense, Sabina, que ainda hoje em Nápoles, em 29 de setembro, muitas garotas vão visitar a estátua de prata. Como dizemos no dialeto napolitano, eles vão *" a vasà 'o pesce 'e San Rafèle "*. (para beijar o peixe milagroso de São Rafael).

Sabina, com grande esperança, comprou a estátua e colocou-a à vista acima de um armário em casa. Todos os dias ele recitava sua oração. O tempo passou: uma semana, um mês, três meses ... mas nada aconteceu.

O quarto mês, em um momento de desespero particular, pegou a estatueta e olhou para ela com desprezo, murmurando:

"Mas o que é um San Raffaele! Nem mesmo ele me ajuda!"

Tendo dito isso, ele jogou a pequena estátua para fora da janela.

Depois de alguns minutos, ele ouviu a campainha da porta da frente tocar. Ele abriu e encontrou-se na frente de um distinto cavalheiro. Com certo embaraço, ele disse a ela:

"Com licença, vi esta pequena estátua cair de uma janela. Se não me engano, veio desse apartamento, então pensei em trazê-lo de volta ".

Sabina, aturdida, obrigou-o a sentar-se e ofereceu-lhe um café. Eles conversaram sobre isso e aquilo. Aprendeu que esse gentil cavalheiro se chamava Giulio e era solteiro. Eles decidiram se encontrar novamente. Mais tarde, eles se reuniram assiduamente e acabaram se casando.

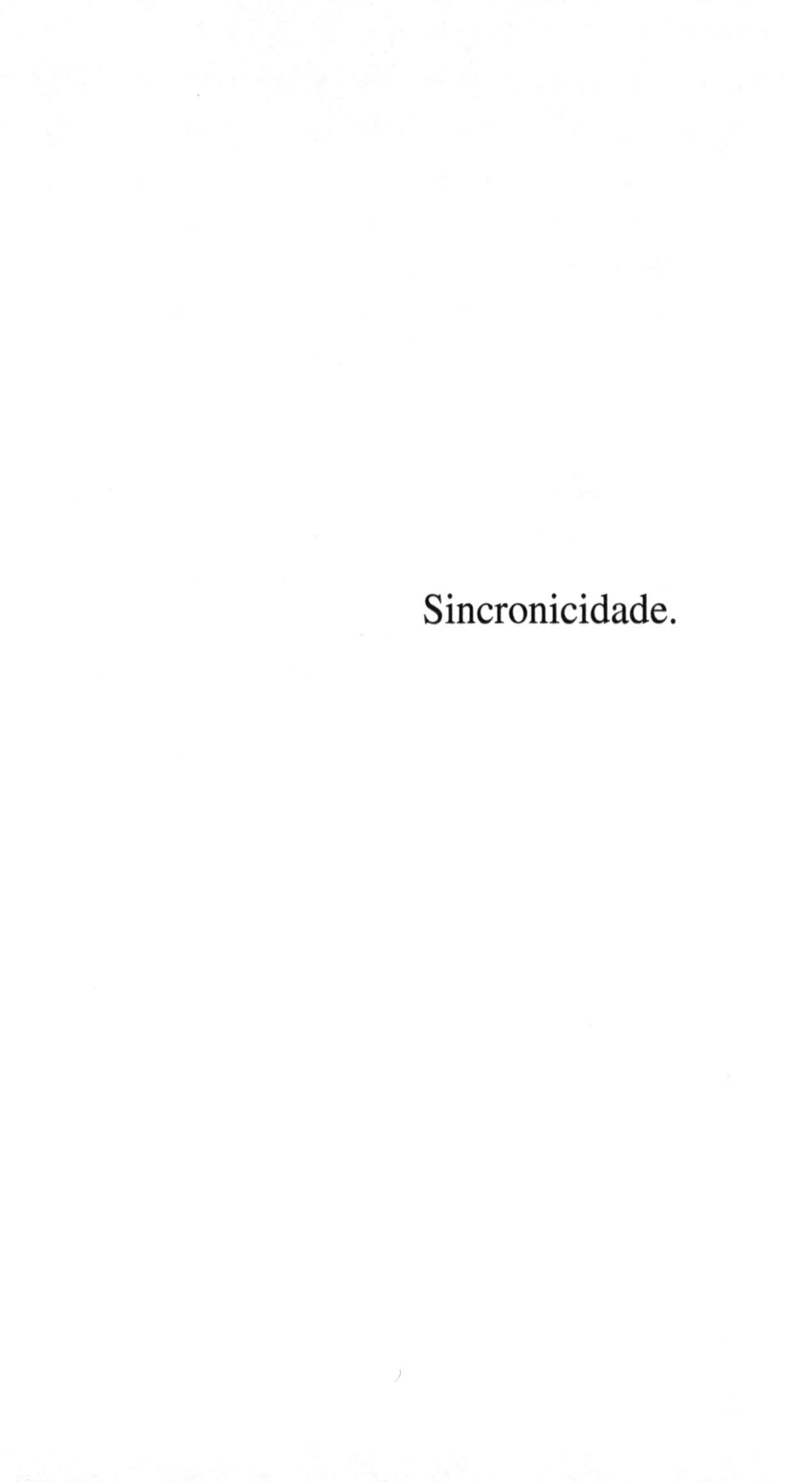

Sincronicidade.

Na história de Sabina, onde começa a coincidência? Em outras palavras, onde começa a série de coincidências? Comece quando Sabina decide ir à igreja dos Arcanjos Sagrados todos os dias? Comece quando Remigia, curiosa, ouve suas confidências? Ou começa muitos anos antes, quando uma estátua nunca foi vendida? Ou a coincidência começa quando Giulio passa sob a janela de Sabina ao mesmo tempo em que a garota joga a pequena estátua para fora?

Estes são muitos fatos, não relacionados e distantes no tempo. No entanto, se considerarmos todos esses fatos juntos, podemos ver que eles se tornam as partes coerentes de uma história. Ou seja, esses fatos se tornam "significativos" e, como um todo, eles constroem uma "sincronicidade".

O termo "significante" significa algo que contém e expressa um significado. Um evento significativo constitui um "sinal do céu". O evento significativo fala, é eloqüente, notável, relevante.

Jung também usa o termo "numinoso", que significa: cercado por um halo de sacralidade. Um evento numinoso inspira medo e reverência juntos.

No relato que acabamos de contar, o conteúdo do sagrado não deriva do fato de falarmos da estatueta de um santo, ou do fato de que o episódio de Tobias é retirado da Bíblia Sagrada. O evento global de uma sincronicidade é "numinoso" com um significado mais amplo. O fato é digno de um respeito particular, porque é capaz de induzir uma sensação de reverência espiritual.

Ambas as duas histórias que apresentei, a de Maria e a de Sabina, podem ser consideradas episódios sincronísticos.

De fato, suas características correspondem àquelas indicadas por Carl Jung para discernir se um episódio é sincronístico ou não.

Segundo Jung, as características de uma sincronicidade são principalmente três.

A primeira característica é que os dois ou mais fatos que compõem a sincronicidade não estão ligados por uma relação de causa e efeito. No contexto de uma sincronicidade, nenhum dos fatos é uma consequência direta de outro fato. A conexão é intelectual e ocorre na mente do sujeito.

No exemplo relacionado a Maria, é evidente que o chamado de Ciccio não é consequência da redescoberta da foto.

Da mesma forma, o lançamento da estátua feita por Sabina e a passagem sob a janela de Giulio não são conseqüentes um ao outro.

A segunda característica de uma sincronicidade é que os fatos geram uma reação emocional na pessoa envolvida. No primeiro episódio, Maria se lembrará da história por anos. Na segunda história, Sabina está tão envolvida a ponto de casar-se com Giulio.

A terceira característica é a natureza simbólica dos fatos; infelizmente, isso dificulta a compreensão. No entanto, mesmo quando não é possível dar uma explicação lógica sobre por que esses eventos ocorreram, percebe-se que eles escondem alguma mensagem misteriosa esperando para serem decifrados. Se quisermos dizer como Jung faria, dizemos que "eles têm um caráter numinoso".

Inconsciente coletivo e arquétipos.

Para entender completamente o conceito de sincronicidade, precisamos examinar as teorias de Jung. O primeiro argumento nos permite entender a origem e o funcionamento das sincronicidades. Jung teoriza um conceito, já conhecido na evolução do pensamento humano, e o chama de "*inconsciente coletivo*".

Em seus estudos, Jung hipotetiza que a psique humana pode ser dividida em três níveis.

O nível de consciência individual

O primeiro é o nível que chamamos de "consciência individual". Este nível inclui tudo o que sabemos sobre nós mesmos e o ambiente ao nosso redor. Consciência representa a capacidade de compreender e avaliar os fatos que ocorrem na esfera de nossa experiência. Graças à consciência sabemos como prever razoavelmente o que acontecerá em nosso futuro futuro mais ou menos próximo. O termo "consciência" vem do latim "*conscire*", que é "*estar ciente, saber*". Em outras palavras, a consciência indica a consciência que cada pessoa tem de si mesmo e de seu conteúdo mental.

Portanto, a consciência é a base do nosso raciocínio. Na consciência, decisões e comportamento baseados na razão amadurecem. A consciência opera o discernimento e faz escolhas razoáveis, de acordo com o nosso modo de entender o mundo.

O inconsciente individual

O segundo nível é o lugar do inconsciente individual. Aqui nascem e crescem idéias, crenças e comportamentos que não estão sujeitos ao nosso controle direto.

Por exemplo, funções vitais essenciais como a respiração e as contrações do músculo cardíaco são realizadas aqui.

Entretanto, na parte de nossa consciência que não conhecemos, acima de tudo estão os instintos, as tendências, as atitudes. Entre estes há também as "preferências inconscientes" para uma forma particular de arte, e não para outra. O inconsciente inconscientemente determina a preferência por uma cor ou outra, por uma profissão ou outra.

Sigmund Freud também se referiu ao inconsciente pessoal. Freud ensina que este é um recipiente inicialmente vazio, que então, no decorrer da vida, é preenchido com todas as "recusas de consciência".

Jung pensa completamente diferente. Ele argumenta que o inconsciente tem sua própria autonomia funcional desde o início da vida de um ser humano. De fato, de acordo com Jung, o homem é governado mais por seu inconsciente do que por sua consciência.

O subconsciente teria uma função de reequilíbrio em relação à consciência. Existem conteúdos de consciência que podem se tornar inconscientes; isso acontece no mecanismo do esquecimento.

Além disso, na consciência há informação que pode ser esquecida voluntariamente, porque é o resultado de eventos dolorosos. Algumas experiências podem ser removidas porque estão ligadas a episódios dos quais nos envergonhamos ou cuja realidade queremos negar.

Nestes casos, uma "remoção" é realizada, mas nunca é completa. De fato, tudo o que fazemos é mover a memória de nossa parte consciente para o inconsciente.

Em situações particulares, no entanto, experiências que parecem apagadas podem ressurgir do inconsciente.

A principal diferença entre a tese de Freud e Jung reside no fato de que, segundo Jung, o subconsciente não é apenas um depósito que é progressivamente preenchido com experiências julgadas inúteis pela consciência.

Jung valoriza o subconsciente de maneira muito mais positiva.

Segundo Jung, o subconsciente é um lugar cheio de idéias novas e criativas. No subconsciente, muitas construções conceituais e muitos projetos originais nascem e crescem, relacionando-se com o presente e também com o futuro.

Portanto, de acordo com Jung, o inconsciente individual contém sementes de conhecimento e criatividade. Estas são idéias absolutamente originais, aquelas que levariam à formulação das questões clássicas: "Mas como você sabe? Mas quem te disse isso?

A premissa é a seguinte: o inconsciente contém idéias que não estão relacionadas à experiência do indivíduo; essas ideias sempre estiveram presentes. A partir dessa premissa vem "a questão": se essas idéias existem de antes, *de onde elas vêm?*

O inconsciente coletivo

Para explicar melhor o inconsciente coletivo, deixamos a palavra ao próprio Carl Jung, que o descreve em seu artigo de 1936, publicado com o título: "Das Konzept des kollektiven Unbewussten".

"O inconsciente coletivo é uma parte da psique. Pode ser distinguido do inconsciente pessoal pelo fato de que não deve sua existência à experiência pessoal e, portanto, não é uma aquisição pessoal.

O inconsciente individual é essencialmente constituído de conteúdos que estavam presentes na consciência, mas depois desapareceram porque foram esquecidos ou removidos.

Em vez disso, os conteúdos do inconsciente coletivo nunca estiveram presentes na consciência e, portanto, nunca foram adquiridos individualmente, mas devem sua existência exclusivamente à herança.

O inconsciente individual consiste principalmente em complexos. Em vez disso, o conteúdo do inconsciente coletivo é essencialmente formado por arquétipos.

Minha tese, portanto, é a seguinte. Existe um primeiro sistema psíquico, que inclui nossa consciência individual. Inclui também o inconsciente pessoal. Além disso, existe um segundo sistema psíquico de natureza coletiva e universal, que não se refere à esfera individual, mas é idêntico em todos os indivíduos.

Esse "inconsciente coletivo" não se desenvolve nos indivíduos, mas é herdado. O inconsciente coletivo consiste em "formas pré-existentes", os arquétipos.

Portanto, de acordo com Jung, existe um nível de consciência localizado fora da nossa mente, não limitado ao nosso crânio, mas separado e autônomo em relação à nossa fisicalidade.

Este nível de consciência, sendo um nível psíquico, não pode estar localizado em nenhum lugar. Não é "uma coisa", não tem largura, altura e peso. Você não pode sair daqui e se mudar para lá.

O inconsciente coletivo existe, da mesma forma que nossa alma existe. Ele existe como a idade de uma árvore ou a claridade da água do rio pode existir. Ninguém pode ver ou pesar a idade da árvore ou o fluxo do rio, mas ninguém pode negar que eles existem.

O inconsciente coletivo é uma realidade absolutamente psíquica que contém as experiências de todos os seres humanos, na forma de arquétipos. A vantagem é que todos os seres humanos podem "dialogar" com os arquétipos.

Hoje podemos dizer, usando uma linguagem tecnológica, que toda a informação relacionada à raça humana é armazenada em uma imensa quantidade de *file* chamados arquétipos.

Como todos os seres humanos podem interagir com os arquétipos do inconsciente coletivo, segue-se que todos possuem um grande conhecimento, mas não o conhecem.

Eu escrevo estas palavras usando meu computador. Em sua memória há um dicionário e um programa de correção de erros gramaticais. Eu não criei esses suportes e nem sabia que eles existiam até que cometi um erro ao escrever.

Eu não sei exatamente onde estão esses "aplicativos". Talvez eles sejam colocados "na nuvem". No entanto, quando cometo um erro, essas aplicações interferem. Nas primeiras vezes fiquei olhando para a tela com as pequenas palavras destacadas em vermelho, e não entendi por quê. Aos poucos, me acostumei e percebi que o sublinhado vermelho indica um erro. Infelizmente, muitas vezes não especifico qual é o erro.

Seria interessante se as melhores partes de meus escritos aparecessem sublinhadas em azul, para salientar que alguma seção misteriosa do software está satisfeita com a forma como escrevo.

Talvez eu ainda não compreenda, porque o computador se expressa em formas que não são imediatamente compreensíveis. Muitas vezes é necessário consultar um manual de referência.

Sincronicidades são algo assim. Estes são sinais que nos chegam de um "verificador de gramática" que é colocado quem sabe onde. É um software disperso em uma enorme "nuvem", que nos fala em "linguagem de máquina", ou seja, é expresso de uma forma que é difícil de entender.

Os arquétipos se parecem com este verificador gramatical.

Às vezes, os arquétipos descem do inconsciente coletivo e passam a influenciar nossa consciência. Eles vêm sugerir correções nas palavras que estamos escrevendo na história da nossa vida.

Devemos evitar nos incomodar quando isso acontece, mesmo que a intervenção dos arquétipos produza episódios que são difíceis de entender, como as estranhas coincidências. Estas são linhas vermelhas ou azuis. Sentimos a presença de um sentido oculto, mas não entendemos seu significado com precisão.

Uma ideia tão antiga quanto o homem

Carl Jung teve o mérito de expor sua tese sobre o inconsciente coletivo segundo critérios de rigor científico. No entanto, a ideia não era nova. Desde o alvorecer da humanidade e desde as primeiras manifestações do pensamento humano, a crença em um nível psíquico superior se desenvolveu. O conceito de "mundo das idéias" nasceu na civilização grega. Em resumo, o homem sempre acreditou em um domínio espiritual que está desconectado da realidade material, mas geralmente a domina.

Toda vez que uma divindade é identificada em objetos naturais, como o Sol ou a Lua, uma personalidade sempre foi atribuída a esse objeto. O Sol nasce e se põe todos os dias para dar vida à terra. No entanto, o Sol tem vontade própria, por isso pode até decidir não surgir. Deste medo vem a necessidade de reverenciar e prestar homenagem ao ponto de organizar um culto e oferecer sacrifícios para agradá-lo.

As crenças das religiões animistas do período paleolítico e neolítico logo se tornaram, no período clássico da Grécia antiga, em um conceito mais refinado, o da Alma do mundo. Hoje este conceito é conhecido com uma expressão em latim "Anima Mundi". É um conceito filosófico usado pelos seguidores do filósofo grego Platão para indicar a vitalidade da natureza.

O Anima mundi expressa a totalidade da natureza considerando-o semelhante a um único organismo vivo. Ao mesmo tempo, porém, a alma do mundo está intimamente relacionada com a alma de cada indivíduo. Assim, o conceito implica um universo em que "tudo é um", mas cada individualidade mantém as características que o distinguem.

Em colaboração com Wolfgang Pauli (Prêmio Nobel de Física em 1945), Jung aprofundou a possibilidade de que os conceitos de "Archetipo" e "Sincronicidade" pudessem estar relacionados a uma realidade que definia "Unus mundus".

É uma realidade da qual tudo emerge e tudo volta a ela.

É o mesmo o conceito de Anima mundi vindo do "monismo" de Platão que foi mais tarde desenvolvido pelos filósofos neoplatônicos.

As filosofias e religiões aceitaram e integraram o conceito da Alma do mundo.

Hoje esse conceito está presente, com nomes diferentes, na filosofia oriental. Podemos lembrar o "Tao" da cultura chinesa, ou "Atman" da cultura indiana. Mas encontramos esse conceito também na religiosidade ocidental, na figura do "Espírito Santo".

A cultura secular também se refere à Alma do mundo com muitos nomes diferentes, como, por exemplo, a Mente universal, a Consciência Global, o Espírito do mundo.

Falando do "inconsciente coletivo", não nos referimos a nenhuma dessas Entidades, mas enfatizamos que há fortes semelhanças com cada uma delas.

Os arquétipos

Assim, o inconsciente coletivo evoca muitas semelhanças com os conceitos espirituais elaborados na evolução cultural humana.

Outras semelhanças são evocadas por outro conceito ligado ao inconsciente coletivo junguiano. Vamos falar sobre os "arquétipos".

Os arquétipos são categorias conceituais consideradas semelhantes às estruturas arcaicas como aquelas típicas de mitos e religiões, mas também aos personagens de conto de fadas da cultura popular.

De fato, o próprio Jung acreditava não ter proposto nada de novo, mas reconheceu que os arquétipos podem ser considerados semelhantes às principais tipologias mitológicas de todas as épocas históricas e de todas as raças humanas.

Portanto, os arquétipos podem ser tão infinitos quanto a capacidade do pensamento humano de gerar situações reais ou fantásticas é infinita.

Existe o arquétipo da morte e o arquétipo do medo, o arquétipo da crueldade e o arquétipo da piedade.

Há também todos os arquétipos conectados às visões geradas por nossos sonhos. Nos sonhos, as figuras dos sonhos tornam-se símbolos, isto é, tornam-se arquétipos. Vamos falar de figuras como o cavalo, a aranha, o salto no vazio ou o lobo que nos persegue.

Qualquer figura imaginada pela nossa mente está presente como um arquétipo no inconsciente coletivo. Cada figura tem um significado que não corresponde à figura em si, mas tem um valor simbólico. Por exemplo, o cavalo simboliza o desejo de viajar nos mundos espirituais.

Platão também acredita que os arquétipos são algo que nos pertence por herança, sem ter experimentado diretamente seus conteúdos.

O filósofo acredita que conhecemos os arquétipos porque já os vimos antes de nascer. Para apoiar esta teoria, ele usa a "doutrina da reminiscência". Nossa alma, antes de entrar em um corpo, é vivida no "Mundo das Idéias".

Neste mundo a alma adquiriu seu conhecimento, que não é perdido quando a mesma alma é incorporada em um corpo. Portanto, Platão afirma que "saber é lembrar" porque teríamos adquirido conhecimento antes do nascimento.

Em contraste, o inconsciente coletivo de Jung é um lugar onde as idéias não são acessíveis à nossa alma antes do nascimento. Essas idéias, que são os arquétipos, se manifestam em nosso inconsciente individual somente após o nascimento durante toda a nossa vida.

Às vezes, consideramos os arquétipos como conceitos abstratos. Jung não os considerou como tais, porque a abstração não tem sua própria "forma". Jung, por outro lado, acreditava que os arquétipos eram capazes de assumir uma "forma" para se manifestar.

Ser capazes de "tomar formas" em nosso inconsciente, os arquétipos são fontes de "energia psíquica", e são capazes de descarregar seu potencial sobre os seres humanos através de sonhos, estranhas coincidências, premonições e insights espirituais que são a base de episódios sincronísticos.

A diferença entre a concepção de Platão e a concepção de Jung está no processo pelo qual conhecemos as ideias herdadas que não estão relacionadas à experiência.

De acordo com Platão, a alma conhece as idéias antes de entrar no corpo. Segundo Jung, em vez disso, os arquétipos interagem com o inconsciente individual somente após o nascimento e ao longo da vida.

Essa diferença torna-se mais evidente se considerarmos que, segundo Jung, a ação dos arquétipos se torna muito mais poderosa nos momentos em que o indivíduo passa por momentos de tensão ou momentos de crise e transformação.

De fato, a parte consciente do indivíduo é mais racional e está mais inclinada a aceitar compromissos com a realidade da vida.

Em vez disso, o subconsciente é mais instintivo e imaginativo e, muitas vezes, não teme embarcar em comportamentos instintivos e irracionais.

Como resultado, a parte consciente do indivíduo levanta uma barreira de projeção sólida para manter a efervescência inconsciente na baía.

Isso nem sempre é bom e muitas vezes não funciona. Há momentos em que a barreira levantada pela consciência oscila ou até desmorona. São momentos de crise existencial, como a perda de um emprego ou o fim de um relacionamento, ou a morte de um ente querido.

Nestes casos, a consciência racional fica traumatizada, porque se choca com uma realidade que não se imaginava tão crua e dolorosa.

A consciência questiona a exatidão de suas convicções e se pergunta como pode ter cometido um erro.

Nestes casos, as defesas são reduzidas, a barreira de proteção não é mais imbatível.

Através do subconsciente do indivíduo, é criado um fluxo de materiais psíquicos que ultrapassa a barreira e pode assumir a forma de sincronicidade.

Portanto, normalmente, uma sincronicidade sempre acompanha a necessidade de mudança. Às vezes, precede ou propõe. No entanto, ele sempre faz isso de forma simbólica, usando uma linguagem extremamente difícil de decifrar.

Provavelmente, entre os exemplos presentes no arquivo de Jung, o mais famoso é o que ocorreu durante a terapia de um de seus pacientes. Em seu ensaio publicado em 1952 com o título "Synchronicity: An Acausal Connecting Principle", Jung descreve o evento com estas palavras:

> "Uma jovem teve um sonho em um momento decisivo em sua terapia. No sonho, o paciente recebeu um besouro de ouro como presente. Enquanto a jovem estava me contando esse sonho, eu estava sentado de costas para a janela fechada.

De repente, ouvi um barulho atrás de mim, como se algo estivesse batendo suavemente contra a janela. Eu me virei e vi um inseto alado que, do lado de fora, bateu contra a janela. Abri a janela e peguei o inseto. Era muito semelhante a um besouro de ouro, isto é, a uma "Cetonia aurata", o besouro das rosas.

Evidentemente, o inseto sentiu-se impelido, naquele exato momento, a entrar em nosso quarto escuro. Isso, ao contrário de seus hábitos.

Devo acrescentar que tal caso nunca havia acontecido comigo antes e isso nunca aconteceu comigo depois; Esse sonho del paciente permaneceu um fato único na minha experiência "..

Mais tarde, Jung comenta que a paciente era um caso excepcionalmente difícil e que até aquele dia não tinha uma pequena melhora. Ela era uma mulher muito racional em suas crenças. Um evento extraordinário teria sido necessário para abalá-la, mas Jung não conseguiu produzi-lo.

O sonho do escaravelho teve essa função, porque havia impressionado a paciente, então ela começou a diminuir sua armadura. No entanto, quando o besouro realmente entrou pela janela, a jovem teve uma reação muito mais forte, que Jung descreve da seguinte forma:

> "Sua essência natural conseguiu quebrar a armadura e o processo de transformação que sempre deve acompanhar uma terapia, começou a decolar".

Mais tarde, Jung explica o evento em termos psicoterapêuticos e descreve por que o episódio provou ser eficaz para a recuperação da menina.

Jung ressalta que o besouro é um símbolo clássico do renascimento. De acordo com a descrição do antigo livro egípcio "Am-Tuat", o Deus Sol, em sua jornada após a morte, se transforma em escaravelho no décimo estágio.

Nesta forma, o Sol sobe ao décimo segundo estágio. Aqui, rejuvenescido, ele pode entrar no barco que o transporta para o céu do amanhecer. Deste modo, o Deus Sol pode renascer em um novo dia.

Como ocorre a sincronicidade

Sincronicidades acontecem na vida das pessoas, de repente, quando a psique doente percebe alguma analogia entre suas necessidades e os arquétipos do inconsciente coletivo. Nestes casos, a psique acessa os arquétipos através do subconsciente.

De fato, os arquétipos estão ansiosos para colaborar no bem-estar do indivíduo. Segundo algumas teorias, os mesmos arquétipos têm a capacidade de tomar a iniciativa.

A diferença é substancial. No primeiro caso, presume-se a existência de um recipiente psíquico a partir do qual as informações que sempre foram armazenadas e estão disponíveis para uso podem ser desenhadas.

No segundo caso, por outro lado, prefigura-se a existência de uma Inteligência superior capaz de conhecer as necessidades dos indivíduos e capaz de intervir autonomamente em sua ajuda.

Na maioria dos casos, a segunda hipótese parece ser a mais provável. Analisando vários casos de sincronicidade, todos seríamos levados a identificar uma direção, ou mesmo a presença de um "Espírito universal". Estamos falando de uma "alma do mundo" capaz de se fazer presente e trabalhar em favor de todas as criaturas, sem limites de espaço e tempo. Podemos chamar isso de Espírito pelo nome que preferimos.

Desta forma, o universo se torna algo interconectado (emaranhado) em todas as suas partes. Cada elemento aparentemente separado, na verdade, constitui uma coisa única com o todo.

O homem, mesmo em sua individualidade, isto é, em seu ego, torna-se uma molécula, parte de um organismo maior que podemos chamar de Cosmos inteligente. Com sua inteligência, a Mente Cósmica (ou Mente Universal) protege e guia-o através de episódios sincronísticos.

Jung chamou essa realidade unificadora de matéria e mente como " das Psychoide". É um nível acima da matéria e da psique, mas inclui ambos.

Afinal, como vimos nos exemplos anteriores, o inconsciente coletivo não se parece em nada com um depósito, mas tem uma inteligência estendida ao passado e ao futuro. Essa inteligência não pode ser explicada por nossas categorias de pensamento. Estamos acostumados a um mundo onde as coisas acontecem uma após a outra. Em nossa experiência, todo fato é "conseqüência" de um fato anterior e "causa" de um fato subsequente.

No nível do inconsciente coletivo, a informação pode atingir a consciência em qualquer ordem, sem respeitar o curso do tempo. Isso acontece quando uma premonição nos alerta sobre algo antes que o fato aconteça. Também acontece quando um "chamado telepático" nos diz a situação perigosa de uma pessoa a quem estamos ligados por laços de amizade. Neste caso, a comunicação não tem limites de tempo ou distância. A pessoa pode estar a centenas de quilômetros de distância.

Existem milhares de depoimentos de pessoas que acordaram no meio da noite, enquanto um amigo está sendo atacado ou envolvido em um acidente.

Há também inúmeros testemunhos da consciência, no momento em que isso acontece, da morte de uma pessoa que mora longe.

Podemos resumir as características típicas de um fenômeno sincrônico nas poucas afirmações que se seguem.

Uma sincronicidade é a soma de dois ou mais fatos principais que não estão logicamente interligados. Esses fatos adquirem significado apenas para a pessoa que recebe a sincronicidade.

A sincronicidade ocorre em duas partes. A primeira parte é essa. Em qualquer lugar do mundo e a qualquer momento uma pessoa recebe uma imagem em seu inconsciente. Ele pode recebê-lo na forma de um sonho, um pressentimento, um chamado telepático, uma idéia repentina, uma imagem direta ou uma imagem simbólica.

A segunda parte é a seguinte: em qualquer lugar do mundo e a qualquer momento, um evento ou um fato real confirma a imagem recebida pela pessoa.

Ou a pessoa que recebe a sincronicidade pode interpretá-lo como um guia para a melhoria de sua vida.

Destino ou sincronicidade?

O escritor americano Louis L'Amour, (pseudônimo de Louis Dearborn LaMoore) conta em seu site a incrível história da sra. Sarah Richley, uma dona de casa tranquila. Seu filho Peter tinha uma paixão avassaladora pelo mar. Peter como adulto, decidiu embarcar e passar a vida no elemento que tanto amava. Ele fez isso apesar da preocupação e opinião contrária de sua mãe. Tanto pela negligência quanto pelas dificuldades em manter contato com o continente, mãe e filho perderam a visão um do outro.

Este é o prólogo, após o qual a história se passa em dois atos.

O primeiro ato será usado para refazer a aventura de Peter em uma de suas viagens, em 1829. Esses são eventos que realmente aconteceram, diligentemente transcritos nos registros navais. Estes fatos incríveis que foram incluídos no sétimo volume da "Grande Enciclopédia do Mar", dirigido pelo famoso documentarista Folco Quilici.

A incrível história de Sarah Richley. Ato I

Em outubro de 1829, a escuna australiana "Mermaid" partiu de Sydney para Collier Bay, na parte ocidental do continente australiano.

O navio, sob o comando de Samuel Nolbrow, tinha 18 tripulantes, incluindo Peter Richley, e também transportava três passageiros.

No quarto dia de navegação, quando o barco se encontrava no extremamente perigoso Estreito de Torres, entre a Austrália e a Nova Guiné, aconteceu o irreparável.

Bancos de nuvens ameaçadoras se aproximaram. O vento cessou e o navio foi imobilizado. No meio da noite, uma violenta tempestade irrompeu e atingiu o navio. A escuna Mermaid foi batida repetidamente contra um banco de corais e quebrou apesar dos esforços desesperados da tripulação.

Os 21 homens abandonaram o barco naufragado e mergulharam no mar e nadaram sobre uma rocha. O capitão, que chegou por último, descobriu que todos os 21 estavam em segurança.

Os sobreviventes passaram três dias e três noites na rocha. Finalmente, o brigue "Swiftsure", que passou pela área avistou-os e pegou-os, em seguida, continuou seu curso.

Depois de cinco dias, no entanto, Swiftsure também encontrou uma corrente turbulenta no mar e afundou.

Todos os ocupantes rapidamente abandonaram o navio. Desta vez também todos foram salvos. De fato, após um curto período de tempo, ele passou pela escuna "Governador Pronto", com 32 tripulantes. A escuna pegou e abrigou os sobreviventes dos dois navios anteriormente afundados a bordo.

Infelizmente, os eventos negativos ainda não haviam terminado. A escuna retomou sua jornada, mas foi sobrecarregada por muitas pessoas.

Não passaram muitas horas quando um incêndio começou a bordo. Talvez o fogo tivesse sido aceso com pouca prudência pelos náufragos.

Ninguém conseguiu acalmar as chamas e todas as tripulações da "Sereia", do "Swiftsure" e do "Governor Ready" foram forçadas a subir nos botes salva-vidas.

No entanto, também desta vez os sobreviventes poderiam agradecer a boa sorte, porque depois de um curto período de tempo, o cortador australiano chamado "Cometa" apareceu no horizonte.

Por uma afortunada coincidência, este barco havia sido sequestrado por uma tempestade, por isso encontrou os botes salva-vidas.

Quando os marinheiros do "Cometa" souberam que as pessoas reunidas eram os sobreviventes de três naufrágios, lamentaram tê-los salvado, achando que também poderiam trazer azar a eles. No entanto, agora eles estavam a bordo.

No navio nasceu um clima de grande tensão porque os marinheiros do "Cometa" estavam convencidos de que aquelas pessoas estavam acompanhadas de um destino maligno. Eles temiam que o mesmo destino também afetaria o "Cometa".

Eles não estavam errados.

Após cinco dias de navegação, o Cometa também sofreu naufrágio. Desta vez não havia botes salva-vidas para todos, muitos permaneceram na água agarrados aos restos do navio naufragado. Eles foram forçados a resistir por 18 dias, antes de serem resgatados por um vapor do serviço postal australiano, chamado "Júpiter".

Incrivelmente, depois de quatro naufrágios, não houve vítima entre os náufragos. Na verdade, ninguém foi ferido, exceto pelos pequenos hematomas que podem ser imaginados.

Provavelmente, em todo esse caso, Peter Richley acalmara seu desejo de navegar. Mas a história ainda não acabou. Depois de uma breve navegação, até mesmo o vapor "Jupiter" colidiu com uma pedra e afundou.

Felizmente, o navio de passageiros "City of Leeds" estava passando perto do último naufrágio. Este navio salvou todos os sobreviventes dos cinco naufrágios e os trouxe para a segurança em Sydney.

Nesta cidade australiana todos os náufragos contaram sua aventura.

O narrador, na "Encyclopedia of the sea" conclui sua história com este comentário:

"Uma simples coincidência? Talvez, mas em casos como este parece que existe uma entidade superior que lida com os eventos.

Essa entidade remove eventos do acaso e os direciona para conclusões que parecem aderir aos desejos humanos ... "

Aqui termina a história que definimos como "primeiro ato".

No entanto, no que diz respeito a Peter Richley, a história não está terminada.

Antes de desembarcar, ainda a bordo do navio "City of Leeds", Peter viveu o segundo ato da história. Este segundo ato, se possível, é ainda mais incrível que o primeiro ato.

A incrível história de Sarah Richley. Ato II

Vamos voltar à história do escritor Louis L'Amour. Desta vez, tudo acontece a bordo do navio de passageiros City of Leeds.

Este navio, partindo do Reino Unido e com destino a Sydney, transportava passageiros de várias origens sociais interessados em chegar à

Austrália pelas mais diversas razões. Considerando os consideráveis desconfortos das viagens em navios no século XIX, os viajantes eram em sua maioria jovens e robustos, que gozavam de boa saúde.

Normalmente, o médico a bordo não tinha grandes problemas na realização de seu trabalho.

Nesta viagem, no entanto, o médico encontrou-se em grande dificuldade por causa de uma velha senhora que viajava sozinha.

A certa altura, a velha tinha desmoronado sob o peso de seus anos e de suas doenças, ela havia sido internada na enfermaria.

O médico lhe perguntou várias vezes:

"Mas por que você, velha senhora, queria fazer essa viagem da Inglaterra para a Austrália?"

Cada vez que a mulher respondeu que ela não tinha ouvido falar de seu filho há anos. Desde que ela havia aprendido recentemente que esse filho trabalhava em navios ao longo das rotas costeiras australianas, ele decidiu embarcar para poder encontrá-lo.

Cada vez, nesses diálogos, a velha tirava um pequeno retrato da bolsa para mostrar ao médico o rosto do jovem.

"Este é meu filho. Seria o suficiente para eu vê-lo uma vez só para morrer em paz. Me ajude, doutor.

O médico era uma pessoa sensível e ele queria ajudá-la, mas ele não sabia como fazê-lo.

Após um desses diálogos, o médico passou uma visita de controle a alguns dos sobreviventes coletados no mar.

Enquanto ele ainda tinha a imagem de seu filho perdido em seus olhos, ele se viu diante de um marinheiro cujas feições eram bastante semelhantes.

O marinheiro tinha cabelo escuro, testa alta, nariz aquilino, lábios finos e queixo pronunciado. Em um exame superficial, ele pode ter se parecido com o retrato. Até a idade do marinheiro poderia corresponder. De fato, havia uma boa semelhança.

O médico ficou impressionado com uma ideia.

Por que não apresentar esse jovem à velha senhora, cuja visão não era mais perfeita? Essa decepção benevolente teria permitido que ela concluísse calmamente sua vida.

O médico explicou tudo ao jovem e perguntou se ele queria se emprestar para desempenhar o papel de filho. Mas o jovem não queria saber.

O médico insistiu dizendo:

"Basicamente você só faria um bom trabalho. Você deve apenas fingir por alguns minutos para chamá-lo de Peter. "

O jovem começou a ceder.

"Então eu não mentiria, porque meu nome é realmente Peter. Mas eu gostaria de saber mais. Quem exatamente é essa senhora?

"É uma mulher inglesa, uma certa Sarah Richley."

O jovem Peter empalideceu e um profundo tremor sacudiu todo o seu corpo, depois exclamou:

"Mas é minha mãe!"

A velha senhora ele era realmente sua mãe.

O caso produziu o resultado que os dois se encontraram por causa de cinco naufrágios.

Mas isso realmente aconteceu por acaso, ou foi uma série incrível de sincronicidade?

Para os amantes de histórias com um final feliz, diremos que a senhora, depois da alegria de encontrar seu filho, recuperou sua saúde e viveu por muitos anos.

Ela não perdeu mais o contato com Peter, mas ele continuou navegando

Várias fontes na web documentam esta história, por exemplo:

http://tardis.wikia.com/wiki/Sarah_Richley

O pastor pentecostal Philip Harrelson lembra todos os anos esta história, em seu sermão por ocasião do Dia das Mães. Este hábito é lembrado no site do pastor:

https://www.sermoncentral.com.

Alguns argumentam que a história não é verdadeira, porque os eventos ocorreram em 1829, enquanto o navio City of Leeds foi lançado mais tarde.

Na verdade, todo mar está cheio de navios de mesmo nome.

Além da "Cidade de Leeds" da nossa história, outra "Cidade de Leeds" foi lançada em 1903, juntamente com a sua gêmea "Cidade de Bradford". Outro navio foi lançado em 1950 sob o nome "Cidade de Ottawa", mas mais tarde foi renomeado "Cidade de Leeds" em 1971.

Dois outros navios de carga com o nome "City of Leeds" foram lançados em 1908 e 1944.

Sincronicidades são emanações de uma Mente universal.

Há provas conclusivas de que as sincronicidades não são ilusões da nossa psique? Podemos razoavelmente argumentar que as sincronicidades vêm de uma Mente superior?

Encontramos prova disso quando descobrimos a existência de episódios sincronísticos que envolvem mais pessoas na construção de um evento que afeta apenas um deles.

Um evento semelhante é representado pela incrível sequência de fatos que acabei de propor na história anterior. Gostaria de lembrar que estes são fatos documentados nos Registros Navais.

. Mas há muito mais. Sincronicidades não interferem apenas na vida de indivíduos ou pequenos grupos de pessoas. De fato, esses fenômenos intervêm para moldar o destino coletivo do mundo.

As sincronicidades guiam as comunidades de pessoas, povos, nações e todo o mundo em direção a um nível mais alto de conhecimento.

É um caminho de evolução cultural e espiritual. Sincronicidades guiam a humanidade em direção a um objetivo desconhecido que só pode ser imaginado.

O cientista jesuíta Pierre Teillard de Chardin teorizou a existência do "Ponto Omega".

Este é o nível mais alto de complexidade e consciência. Eu acredito que A "Mente Cósmica" usa sincronicidades para levar a raça humana ao "Ponto Ômega".

Muitas pessoas refletem sobre uma estranha peculiaridade da evolução da espécie humana. O homem apareceu cerca de 4 milhões de anos atrás. Desde então, o homem vive há milhões de anos, no estado bruto da idade da pedra.

Nos últimos 12.000 anos, no entanto, o homem experimentou um incrível salto evolutivo que o transportou da Idade da Pedra para a Idade do Ferro e depois para a Era da Informação, a que estamos experimentando atualmente.

É lógico que, durante milhões de anos, a humanidade não tenha conseguido nenhum salto evolutivo significativo, a não ser aquele dos diferentes processos de pedra, e então, em um período muito curto, atingiu o nível da civilização atual?

Somente nos últimos 0,003% de sua evolução, o homem conseguiu desenvolver as novas tecnologias que transformaram as cidades de agregações de cabanas de palha a extensões de arranha-céus.

Deve-se enfatizar que os animais, apesar de terem o mesmo tempo, não perceberam nenhuma evolução espiritual ou comportamental. Uma certa ciência que une humanos e animais não sabe explicar esse fato.

Se tudo dependesse do homem, teríamos que ter uma evolução muito mais gradual ao longo do tempo. Mas não, todo o nosso desenvolvimento, desde a descoberta da agricultura em diante, ocorreu em uma parte mínima de nossa jornada através da história.

É possível imaginar que, finalmente, depois de 99,997% de nossa jornada, "Alguém" ou "Alguma Energia" decidiu que era o momento certo para a humanidade?

Alguém, depois de quatro milhões de anos, finalmente decidiu que a humanidade deveria ser "empurrada", "guiada" para um estágio mais elevado de sua existência?

Nos últimos três séculos, experimentamos um período de profundo materialismo. Neste momento, a existência do que não pode ser pesado, medido e reproduzido no laboratório foi negada.

Ao contrário desta tendência materialista, muitas sincronicidades, que se desenvolveram desde o século passado, querem levar o mundo à consciência de que o Cosmos não é composto apenas de matéria. O cosmos tem duas dimensões, o material e o psíquico.

Muitos eventos das últimas décadas confirmam isso. Lembramo-nos:

- As obras de Carl Jung, um psicólogo de prestígio.

- O encontro e a colaboração de Jung com Wolfgang Pauli, prêmio Nobel de Física.

- O desenvolvimento da física quântica e a descoberta do fenômeno do "entrelaçamento" que discutiremos na segunda parte do livro.

Todos esses eventos e muitos outros eventos relacionados podem ser considerados como parte de uma grande sincronicidade.

É uma sincronicidade que está derrubando os falsos mitos segundo os quais o universo é feito apenas de matéria governada pelo acaso.

Ao mesmo tempo, essa sincronicidade global prevê um novo salto evolutivo da humanidade. Nesse novo nível, as razões da psique, há muito reprimidas pelo materialismo, encontrarão seu lugar e sua importância.

Tudo isso é lindo, mas ... onde estão
os testes?

Tudo o que foi dito até agora colidiu, e continua a colidir, com a maioria absoluta dos círculos científicos.

Esses ambientes negam, como princípio, a existência de qualquer coisa que possa ser definida como "psíquica" ou "espiritual".

Eles afirmam que o universo inteiro é composto apenas de "coisas", isto é, da matéria. Essa interpretação materialista da ciência moderna nasceu no século XVIII, com o advento do Iluminismo.

O Iluminismo

O Iluminismo, que nasceu por volta de 1700 na Inglaterra, foi um movimento filosófico, político, cultural e social. Essa interpretação da realidade desenvolveu-se rapidamente por toda a Europa e atingiu seu auge na França.

O nome "Iluminismo" deriva da vontade de seus promotores e seus membros. Eles queriam "iluminar a mente" de outros seres humanos que, em sua opinião, eram obscurecidos naqueles tempos pela superstição e ignorância.

O Iluminismo foi adotado e adotado pela maioria da sociedade culta e aristocrática, apesar dos contrastes do poder eclesiástico.

Mas no final a visão materialista conquistou e conseguiu impor nos costumes sociais os valores negacionistas do espírito.

Desde os primeiros filósofos, considerou-se que a razão era um meio útil de contemplar as verdades. Em vez disso, os seguidores do Iluminismo consideravam a razão como uma ferramenta prática, operacional e funcional para o desenvolvimento do progresso mecânico.

Segundo o Iluminismo, as conquistas da razão não estão mais em especulações filosóficas, mas na obtenção de resultados práticos.

O Iluminismo argumenta que a razão só é útil se consegue explicar fatos e coisas com racionalidade, sem se referir a argumentos metafísicos.

No desejo de libertar os homens dos medos irracionais do desconhecido, o Iluminismo afirmou que todo homem possui em si a capacidade de compreender a realidade que o rodeia. No entanto, para atingir esse objetivo, o homem deve libertar-se das crenças supersticiosas.

Segundo os iluministas, essas crenças são impostas por um poder interessado em manter as pessoas na ignorância capazes de dominar mais facilmente.

As intenções eram boas. Infelizmente, em grandes revoluções, as intenções são sempre boas, até que sejam aplicadas. Na prática, muitas vezes acontece que a criança é lavada e depois jogada fora com água suja.

Essa tendência do Iluminismo continua a causar danos na sociedade moderna.

Um dos princípios cardeais do Iluminismo afirma que o mundo é uma máquina. Esta máquina segue as leis da física conhecidas e aquelas que ainda não são conhecidas. Infelizmente, a máquina não tem propósito. Não há propósito em toda a criação e, conseqüentemente, não há propósito na existência do homem. O homem também é uma máquina que executa suas funções vitais sem qualquer propósito. Quando o aparelho quebra, é jogado fora.

Denis Diderot foi o autor, juntamente com Jean-Baptiste D'Alembert, da famosa Enciclopédia publicada em 17 volumes de 1751 a 1772. Diderot, assim, desempenha o papel de um cientista:

"A profissão do cientista é instruir e não dar lições morais.

Em seus ensinamentos, ele deve deixar de lado o "porquê", para olhar apenas para "como".

O "como" é derivado das coisas, dos seres. Em vez disso, o "porquê" é apenas um fruto do intelecto. O intelecto não é confiável. Quantas idéias absurdas, quantas falsas suposições, quantas noções quiméricas são encontradas nas canções em honra do Criador! "

Apesar dessa rejeição de toda a espiritualidade e da visão de uma realidade desprovida de propósito e baseada no acaso, o Iluminismo se recusou a ser considerado materialista. O filósofo Voltaire repetiu várias vezes que não se sentia pronto para decidir nem pelo materialismo nem pelo espiritualismo.

A idade das luzes e os salões literários

Precisamente por causa da expansão do Iluminismo que começou no século XVIII, esse período histórico tomou o nome de "Siècle des Lumières".

Entre os principais protagonistas podemos lembrar o francês Voltaire, Montesquieu e Fontanelle. Mas esses protagonistas reconheceram que eles foram inspirados pela filosofia inglesa baseada na razão empírica e no conhecimento científico, isto é, nos elementos predominantes do pensamento de Locke, Newton e Hume.

O Iluminismo recebeu grande ajuda dos salões literários.

Esta foi uma tradição cultural presente na França desde os dias de Luís XIV. Naquela época havia damas, conhecidas por sua cultura e sua mundanidade, que organizavam reuniões em suas salas de estar, chamadas "bureaux d'esprit". Às vezes, os organizadores também eram homens com boa reputação social.

Assim, as reuniões desses "bureaux d'esprit" foram organizadas por influentes membros da classe média alta ou aristocracia. Esses organizadores convidaram celebridades para conversar e discutir tópicos atuais. Entre outros, a sala de visitas de Madame Geoffrin era bem conhecida. Esta senhora convidou celebridades literárias e filosóficas como Diderot, Marivaux, Grimm, Helvétius.

Com Madame Geoffrin competiu o barão de Holbach, que organizou reuniões assistidas pelos mesmos personagens já mencionados, além do abade Galiani e outros filósofos.

Portanto, o substrato que nutria o Iluminismo consistia essencialmente na classe aristocrática e alta-burguesa. Essa circunstância nos faz entender por que as teorias do Iluminismo se espalham acima de tudo nos altos níveis da sociedade.

Em vez disso, nos círculos populares a difusão era quase inexistente. Como resultado, aqueles que deveriam ter sido iluminados permaneceram no escuro e foram excluídos de qualquer benefício.

No entanto, se não considerarmos posições materialistas e ateístas, como as da última fase do pensamento de Diderot, o conceito de "Deus" é encontrado na maioria dos pensadores do Iluminismo.

Para conciliar essa intuição natural com as teorias que eles proclamavam, eles tentaram justificar a existência de um Deus na origem do universo com argumentos científicos. Nesse esforço, considerando a maravilhosa perfeição da criação, eles passaram a postular a existência de um " pesquisador eterno ". Voltaire também fez a pergunta:

"Quando eu avalio a ordem e a capacidade prodigiosa das leis mecânicas e geométricas que governam o universo, sou conquistada pela admiração e pelo respeito.

Eu admito essa inteligência suprema. Estou convencido de sua existência e não tenho medo de que alguém possa mudar minha opinião.

Mas onde está esse eterno agrimensor? Ela existe em um lugar específico ou está espalhada por toda parte? Ela ocupa um espaço ou não? Eu não sei nada sobre isso ".

Infelizmente, as dúvidas de Voltaire não deixaram vestígio

nos séculos posteriores. No panorama científico de hoje, o conceito de "Deus", mesmo expresso em forma duvidosa, foi completamente apagado.

Hoje os ambientes científicos, com raríssimas exceções, são orientados para o materialismo, mas felizmente não conseguem divulgar essas teorias.

De fato, seres humanos de todo o mundo, mesmo aqueles que viveram por longos períodos sob o domínio de totalitarismos ateus, continuam acreditando que não são máquinas.

Segundo os materialistas, as uomininas são aglomerados aleatórios de matéria. Exclui-se que os homens possam possuir uma espiritualidade e uma alma.

Estranhamente, os materialistas pensam que "os outros" são autômatos sem um senso crítico, forçados a se comportar de acordo com as leis mecânicas. Mas eles próprios são uma exceção porque são inteligentes e podem processar pensamentos autônomos.

Quais são as leis da física clássica que não podem ser quebradas?

A negação das realidades psíquicas deriva do fato de que elas são contrárias às leis físicas nas quais o universo que conhecemos se baseia. Não apenas a física clássica, mas também as leis da física relativista estão sujeitas a essas regras. Estas são regras claras e totalmente descritas.

O conhecimento dessas leis possibilita prever a qualquer momento como o assunto que constitui a realidade se comportará. Podemos prever o comportamento de objetos, do nosso isqueiro à galáxia mais distante.

Existe um critério chamado "mecanicidade" que regula o universo conhecido. Todo evento depende de uma causa. Por sua vez, cada fato se torna a causa que causa um evento subsequente.

Um objeto em movimento que atinge um objeto imóvel gera um empuxo que pode ser calculado com precisão.

De fato, o empuxo depende principalmente do peso dos dois objetos e da velocidade do primeiro. O segundo objeto, por sua vez, se move em uma direção que pode ser prevista. A velocidade e a duração do movimento também podem ser previstas.

Além disso, tudo para se mover tem que ter um "ambiente". Por exemplo, um navio se move sobre a água e um carro se move na estrada. Música e voz se propagam pelo ar e são carregadas por ondas sonoras.

Vamos considerar as três leis principais.

A primeira lei é a direção do tempo, também chamada de "flecha do tempo". O tempo só avança, e qualquer fato que já tenha acontecido não pode ser corrigido ou modificado.

A ordem cronológica dos eventos é determinada pela passagem do tempo, que nunca nos permite voltar atrás, mesmo que às vezes seja desejável voltar no tempo.

A segunda lei é a velocidade. Nada pode se mover a uma velocidade maior que a da luz, igual a cerca de 300.000 km por segundo.

A conseqüência da terceira lei é que qualquer força diminui seu poder em função da distância. Isso afeta particularmente a gravidade e o magnetismo.

Por exemplo, a força da gravidade que atrai dois planetas diminui à medida que os planetas se distanciam.

A atração gravitacional da Terra influencia seu satélite, que é a lua. No entanto, a influência sobre os satélites de Júpiter, como Europa ou Ganimedes, é absolutamente inferior.

Da mesma forma, um imã atrai um objeto de ferro colocado a uma certa distância: se, no entanto, afastarmos mais o objeto, a atração diminui e finalmente cessa.

Todo o universo que experimentamos obedece a essas leis. Portanto, podemos entender o embaraço da ciência oficial diante da possibilidade de que algo possa escapar dessas leis. Certamente, entre as coisas que não obedecem às leis físicas, há as percepções extra-sensoriais.

Segundo a ciência oficial, a premonição não pode existir porque não é possível saber algo primeiro que acontecerá depois.

De onde poderia vir a informação subjacente a uma premonição? Não há contêiner físico no qual informações sobre fatos que acontecerão no futuro sejam armazenadas.

Não há arquivo de eventos que ainda não tenham ocorrido.

O pensamento humano é frequentemente mencionado, para dizer que ele certamente viaja mais rápido que a luz. O pensamento pode explorar o passado e o futuro. O pensamento pode alcançar qualquer área do nosso universo e outros universos possíveis com a mesma intensidade. Isso pode ser considerado em conflito com as leis físicas mencionadas nos parágrafos anteriores.

A resposta da ciência é muito simples. O pensamento é baseado em nosso cérebro e não se move a partir daqui. O pensamento não sai do crânio. Todas as elaborações mentais nascem e morrem dentro de alguns centímetros cúbicos do cérebro físico. Na prática, o pensamento é ilusão, não realidade.

Nesse sentido, as premonições são ilusões que surgem como produtos residuais no mesmo cérebro. Mesmo as comunicações telepáticas não são possíveis, porque nenhum pensamento pode sair de uma cabeça para voar para outra cabeça.

Portanto, para sustentar a existência de uma realidade psíquica como a descrita na primeira parte deste livro, é necessário descobrir uma dimensão do universo em que as regras da física clássica não são mais válidas.

Essa dimensão deve ser semelhante ao inconsciente coletivo de Jung. Se essa dimensão psíquica existe, certamente pode acomodar as idéias de Platão, bem como os arquétipos de Jung e qualquer outra realidade não material.

Até 1950, nenhum cientista jamais teria apostado um único centavo nessa possibilidade. Em vez disso, nas últimas décadas houve uma grande mudança.

A física quântica fez grandes progressos investigando matéria no domínio extremamente pequeno.

A possibilidade de que uma dimensão exclusivamente psíquica realmente existisse já estava prevista no início do século passado. Finalmente, a partir dos anos 1980, a existência dessa dimensão tem sido comprovada cientificamente.

Estamos falando sobre os resultados de experimentos sobre o fenômeno do "entrelaçamento" quântico.

Colaboração entre ciência e psique

Uma grande sincronicidade está em andamento há várias décadas e afeta todo o planeta. Essa sincronicidade global está levando a humanidade a uma explicação completamente diferente das razões de nossa existência.

O universo não é mais uma aglomeração caótica de matéria governada pelo acaso. Nessa nova visão, o universo é um amálgama de matéria e psique, construído de maneira ordenada e guiado por uma Mente universal.

Essa sincronicidade global representa a soma de muitas coincidências significativas. Entre estes, há certamente o encontro entre o psicólogo suíço Carl Gustav Jung e o cientista austríaco Wolfgang Pauli. Lembramos que Pauli receberá o Prêmio Nobel de Física em 1945.

Os dois cientistas se encontraram em Zurique, onde ambos moravam. Carl Jung praticou a profissão de psicoterapeuta. Em vez disso, Pauli foi professor de Física Teórica no Instituto de Tecnologia.

O encontro ocorreu em 1932, quando Pauli pediu a Jung uma consulta para avaliar a possibilidade de realizar uma terapia analítica. Na verdade, Pauli pediu ajuda a Jung para resolver alguns problemas existenciais decorrentes dos eventos humanos em que ele estava envolvido.

Primeiro de tudo, Pauli sofreu com o suicídio de sua mãe alguns anos antes. Outra razão para o sofrimento foi o novo casamento de seu pai com uma mulher muito jovem, da mesma idade de Wolfgang.

Finalmente, outra forte causa de sofrimento foi o fracasso de seu casamento com Kathe Deppner, uma dançarina de cabaré. Infelizmente, esse casamento durou apenas algumas semanas.

Conseqüentemente a tudo isso, Pauli estava passando por um período muito difícil de sua vida; estas foram as razões que o levaram a pedir a ajuda de Jung.

No entanto, imediatamente depois de se familiarizar, um diálogo de um tipo diferente se desenvolveu entre os dois cientistas. Jung deu o emprego da terapia psicanalítica a um médico que era seu colaborador.

Em vez disso, o tópico das reuniões entre os dois era o respectivo conhecimento científico. Essa relação durou pelo menos vinte e cinco anos. Quando os dois se viram vivendo em lugares diferentes, os encontros pessoais se transformaram em um debate epistolar.

Em seus argumentos, Jung e Pauli foram para os limites de seus respectivos campos de estudo, que eram a física quântica e a psicologia. Os dois procuraram um elo entre as duas ciências. Deste modo, uniram dois campos de estudo que, até então, eram considerados absolutamente irreconciliáveis.

Um casamento cultural nasceu entre a criatividade de Jung e o rigor da disciplina científica de Pauli. Com grande paciência, os dois confrontaram suas teorias sem nunca encontrar razões para entender mal ou quebrar argumentos. Isso aconteceu apesar dos desentendimentos dos respectivos ambientes científicos.

Pauli aproximou-se do pensamento de Jung e compartilhou-o seriamente. Desta forma, ele superou a mentalidade predominante da época, que definiu as teorias baseadas na psique como "sem qualquer sentido".

Pauli manteve uma atitude crítica, mas tentou entender as teorias junguianas.

É claro que o principal tema do diálogo entre Jung e Pauli foi a relação entre física e psicologia, que é entre psique e matéria. É importante notar que Pauli não estava interessado em sincronicidade para satisfazer uma curiosidade cultural. Ele acreditava que ele havia sido o protagonista de episódios sincronísticos várias vezes em sua vida.

Em 1952, Jung e Pauli publicaram um livro juntos, *Naturerklarung und Psyche.* Tanto a concordância quanto as diferenças podem ser entendidas nas páginas deste livro.

Jung contribuiu para o trabalho com seu trabalho intitulado *Synchronicity: A Acausal Connecting Principle*

Pauli, em vez disso, contribuiu com o ensaio *The Influence of Archetypal Ideas on the Scientific Theories of Kepler.*

Deve ser dito que Jung há muito hesitou antes de publicar suas idéias. Foi o próprio Pauli quem o convenceu a publicá-las neste ensaio.

No geral, Pauli e Jung concordaram que a matéria e a psique devem ser entendidas como aspectos complementares da própria realidade.

A realidade é governada por arquétipos, que devem ser entendidos como princípios comuns de ordenação. Isso implica que os arquétipos são elementos que residem em um nível colocado além da matéria.

Pauli criticou a convicção materialista presente em seu ambiente de trabalho. Ele não compartilhou a negação de tudo relacionado à espiritualidade, sentimentos e emoções humanas.

Pauli estava convencido de que, num futuro próximo, não seria mais possível ignorar a relação entre o mundo externo da matéria e o mundo interior da psique.

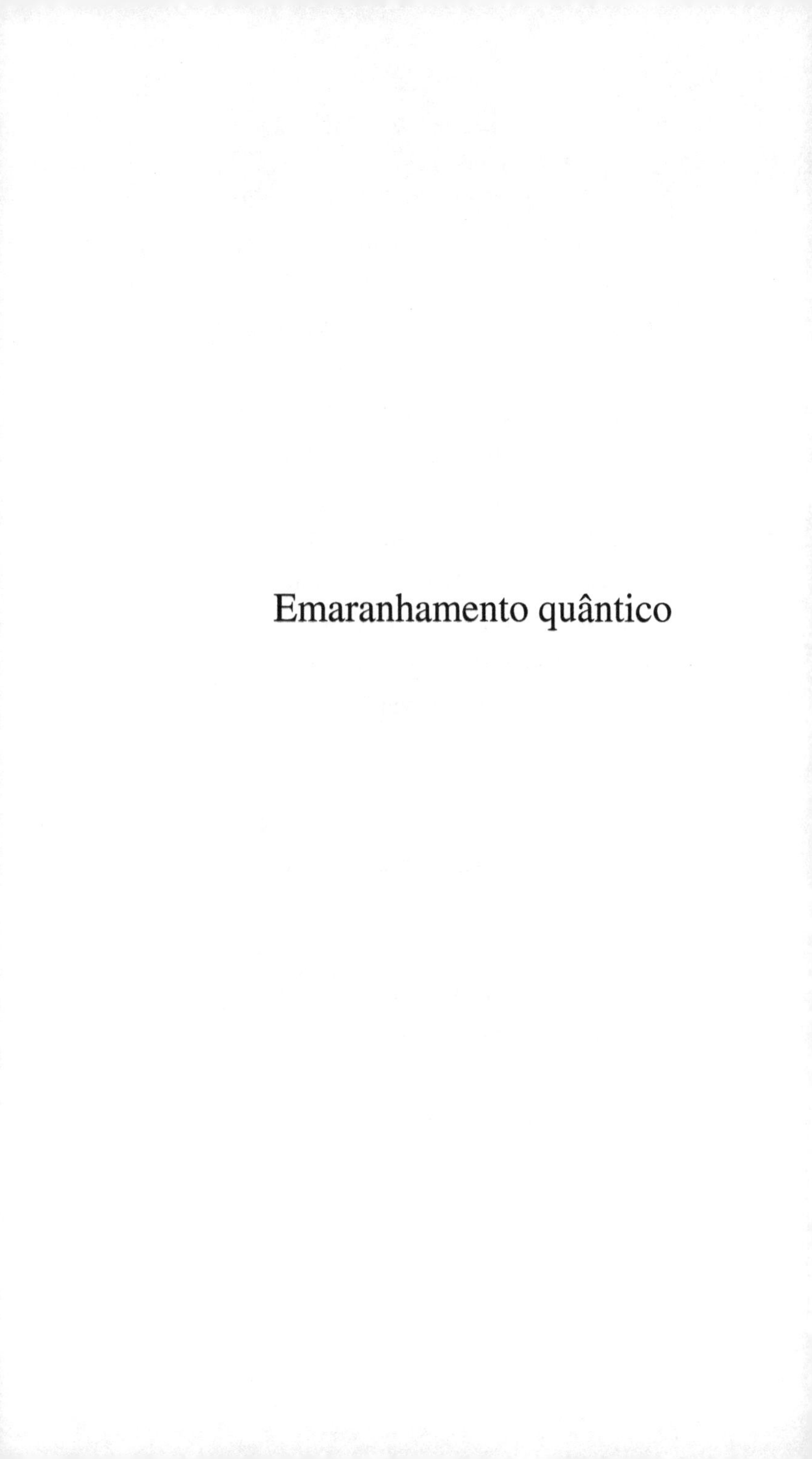

Emaranhamento quântico

A lei física chamada "conservação de energia" é uma das mais importantes na natureza. Na sua forma mais estudada, esta lei afirma que a energia pode ser transformada e convertida de uma forma para outra. No entanto, mesmo que a forma da energia mude, sua quantidade total não muda com o tempo. Referimo-nos à energia presente em um "sistema isolado".

Claro, o universo é um sistema isolado.

Richard Feynman é um físico americano. Ele recebeu o Prêmio Nobel de Física em 1965. Em seu livro "A física de Feynman, Vol. I" Feynman fala assim da lei da conservação:

> "Existe uma lei que governa os fenômenos naturais conhecidos. Esta lei não tem exceções, portanto, até onde sabemos, está correta. A lei é chamada de "conservação de energia", e é realmente uma idéia muito abstrata, porque é um princípio matemático. A lei diz que há uma magnitude numérica que não muda, aconteça o que acontecer. Sua declaração não descreve um mecanismo ou algo concreto. Este é um fato um pouco

estranho. Podemos calcular um certo número que representa a energia total do universo. Então olhamos para as coisas conforme elas mudam. Quando terminamos de olhar para a natureza que reproduz seus jogos e recalculamos o número, descobrimos que ele não mudou."

Sem dúvida, podemos supor que a energia global do universo pode assumir diferentes formas, mas permanece inalterada.

Essa lei colocou enormes problemas quando a ciência começou a estudar a matéria no nível subatômico, isto é, o nível extremamente pequeno.

Nós tentamos entender o porquê.

Partículas elementares são equipadas com "spin". O "spin" é muito semelhante a um movimento rotacional. Também o "spin" está sujeito à lei de conservação.

Então, se pegarmos um elétron com "spin" igual a zero e dividi-lo em duas partes, uma parte terá "spin" +1/2 (metade positiva) e a outra terá "spin" -1/2 (metade negativa) . Desta forma, o total das duas metades é sempre igual a zero como no elétron original. Isso significa que a lei de conservação é respeitada.

Agora vamos fazer um experimento.

Vamos supor que, depois de dividir um elétron em duas partes, tomamos uma parte e a movemos para qualquer distância que possamos imaginar.

Qualquer que seja a distância entre as duas partes, seu "spin" não muda para não violar a lei de conservação.

Mas vamos continuar nosso experimento. Vamos pegar uma das duas partes, por exemplo, aquela com "meia volta positiva", e inverter sua "volta" para que ela se torne "meio negativa".

O que acontece nesse ponto? Acontece que a outra metade, onde quer que esteja no universo, também reverte seu "spin".

O "spin" da outra metade, que era "meio negativa", torna-se "metade positiva". Os dois "giros" não mudam "um após o outro", mas "ao mesmo tempo".

É importante entender que a mudança ocorre exatamente ao mesmo tempo. A informação não precisa de tempo para ser conhecida pelas duas metades.

Com o nosso experimento, reproduzimos o efeito dos "spins relacionados"

Nossas duas partículas são ditas "correlacionadas" porque nasceram juntas, quando dividimos o elétron original em dois. A notícia surpreendente é que as partículas relacionadas se comunicam umas com as outras a qualquer distância em que estejam localizadas.

Se uma partícula muda, a outra muda ao mesmo tempo, porque a lei de conservação de energia não pode ser violada.

A lei da conservação de energia não pode ser violada nem por meio elétron, que é uma parte insignificante absoluta do universo.

Se assim dissermos, pode parecer muito pouco, mas, se pensarmos a respeito, o que acabamos de dizer *está em contraste com todas as leis da física clássica.*

Uma regra violada é aquela relativa à velocidade da luz, que nunca poderia ser excedida. De fato, esta velocidade é excedida abundantemente. Como vimos, podemos colocar as duas partículas em qualquer distância intergaláctica, mesmo a um bilhão de anos-luz de distância uma da outra. Apesar dessa distância, cada partícula reage às mudanças do outro de maneira contemporânea.

A regra da direção do tempo também é violada. Com base nessa regra, cada evento ocorre como resultado de um evento anterior. No caso que examinamos, as duas partes não mudam sua rotação de acordo com uma sequência temporal, primeiro uma e depois a outra, mas simultaneamente.

O conceito de causalidade, segundo o qual cada evento é causado por outro evento, deixa de ser válido. Esta é também a consequência da contemporaneidade.

Outro princípio que não é respeitado é a atenuação dos campos de força, dependendo da distância.

De acordo com esse princípio, as duas partes devem mudar com maior vigor quando estiverem mais próximas e com vigor decrescente à medida que a distância aumenta.

Não é assim: o "elo de força" que une as duas partículas permanece absoluto e constante no espaço e no tempo

O elo que une as duas partículas toma o nome científico de "entanglement", uma palavra na língua inglesa que pode ser traduzida como "emaranhamento".

Este termo refere-se à conexão que surge entre duas partículas criadas em conjunto, relacionadas.

Este link tem características mais espirituais do que físicas. Algo semelhante acontece frequentemente entre gêmeos humanos.

A observação mais importante foi deixada para o final e é assim: *como duas metades do elétron se comunicam entre si?*

É óbvio que quando uma das duas metades altera o sentido de rotação, a notícia da mudança não atravessa nenhum espaço físico e não é transmitida por qualquer meio.

Se isso acontecer, ocorrerá um atraso de tempo. No entanto, ação e reação são contemporâneas.

Não há "tempo" em que a informação ainda está na rua, e a outra parte está esperando para recebê-la.

A informação é aqui e ali. Mais simplesmente podemos dizer que a informação "existe" de maneira absoluta. Ambas as partículas possuem isso. As duas metades do elétron compartilham informações como se ainda fossem um elétron inteiro.

A *teoria é cientificamente confirmada.*

As novidades da física quântica foram apresentadas por Niels Bohr e sua equipe de cientistas, chamada "The Copenhagen School". Este grupo de trabalho lançou as bases da física quântica, em pesquisas realizadas desde 1927 em diante. Infelizmente, seus insights não foram muito bem recebidos no mundo científico.

Em particular, Albert Einstein julgou essa teoria como impossível. Ele acreditava que o raciocínio básico estava errado.

Segundo Einstein, a teoria carecia de uma peça, que ele chamou de "a variável desconhecida". Na prática, segundo Einstein, os cálculos deram resultados falsos porque havia alguns elementos particulares que não eram considerados. Se ele tivesse acrescentado a chamada "variável desconhecida" às equações, Niels Bohr teria obtido resultados mais próximos da física clássica. Einstein estava particularmente preocupado porque a teoria quântica de Bohr também estava em contraste com a teoria da relatividade.

Alguns cientistas zombaram dos insights de Bohr.

Einstein, embora convencido de seus argumentos, era inteligente demais para negar uma teoria científica antes que essa teoria fosse avaliada com precisão.

Ele continuou argumentando que havia um erro nas equações de Bohr. No entanto, Albert não tinha preconceitos e queria ver claramente. Aqui está sua grandeza.

Em 1935 ele propôs um famoso experimento, conhecido como experimento EPR. A sigla nasce do nome dos três proponentes, isto é, além de Einstein, Podolski e Rosen.

O EPR era um "Gedankenexperiment" que é um experimento mental. Na prática, não se tratava de um experimento baseado em instrumentos de laboratório, mas no raciocínio e na aplicação teórica das leis conhecidas. Esse tipo de experimento, mesmo que seja teórico, pode fornecer resultados confiáveis.

Os experimentos mentais ainda são usados hoje quando faltam os meios técnicos ou econômicos para realizá-los no laboratório.

De fato, o desenvolvimento do experimento EPR levantou dúvidas sobre a credibilidade das teorias quânticas. Isso também dependia da complicação do protocolo executivo.

Como resultado, a comunidade científica tomou nota dos resultados, mas não os considerou finais.

Muitos anos depois, em 1964, outro cientista voltou a se interessar pela questão.

John Stewart Bell publicou um artigo em que propôs uma versão simplificada do experimento EPR. No mesmo artigo, Bell propôs um método prático para realizar o experimento no laboratório e convidou a comunidade científica para implementá-lo.

O convite foi coletado por Alain Aspect, um físico experimental francês. Nos anos de 1980 a 1982, Alain Aspect realizou o experimento no laboratório.

Na prática, ele estimulou um elétron para forçá-lo a realizar um salto quântico duplo.

O elétron excitado, no salto duplo, emitiu duas partículas elementares, ou seja, dois fótons. É claro que os dois fótons eram "relacionados", pois nasceram no mesmo evento.

Os experimentos da Aspect confirmaram todas as previsões sobre a física quântica e o fenômeno do "entrelaçamento".

Os dois fótons de Aspect gerados no laboratório se comportaram exatamente como descrito na teoria de Bohr. Ou seja, os dois fótons repetiram o comportamento das duas metades do elétron que descrevi anteriormente. Isso significa que eles violaram todas as regras da física clássica.

Nos anos seguintes, o experimento foi repetido e confirmado muitas vezes por muitos estudiosos.

Hoje os laboratórios não mais experimentam o "emaranhamento" de duas partículas. Nos laboratórios modernos, milhares ou milhões de partículas relacionadas são criadas em um único evento.

A dimensão que vai além das coisas materiais

À luz do conhecimento científico atual, podemos supor que a comunicação no nível das partículas elementares ocorre com um método absolutamente independente da matéria.

As partículas se comunicam em um nível em que o tempo e o espaço não exercem seu poder. Nesse nível, duas ou mais partículas relacionadas, mesmo se separadas por distâncias infinitas, comportam-se como se fossem uma.

"Espaço", ou o nível em que isso ocorre, é chamado de "não-localidade". É um "espaço" psíquico, porque não pode ser colocado em lugar nenhum.

A ciência relutantemente nota a existência desse espaço, já que não pode pesá-lo, medi-lo ou reproduzi-lo em laboratório.

Entretanto, se esse espaço existe, então outros conceitos do pensamento humano também podem encontrar seu lugar dentro dele.

Por exemplo, nós citamos anteriormente o "inconsciente coletivo" de Carl Jung ou a "Alma do mundo" por Platão. Partículas subatômicas atuam no não-local, e ninguém pode negar que isso acontece. Da mesma forma, as percepções psíquicas do pensamento humano também se tornam dignas de estudo e consideração.

Alguns podem argumentar que o fenômeno do "emaranhamento" ocorre apenas entre as partículas que foram relacionadas umas às outras no laboratório.

Podemos lembrar a esses céticos que todo o universo nasceu de um grande laboratório. Podemos imaginar o universo inicial como um "lugar" no qual ocorreu uma grande e única explosão, conhecida como o Big Bang.

Essa explosão deu origem a toda a matéria do universo. Portanto, toda a matéria do universo nasceu do mesmo evento.

Isso significa que toda a matéria no universo está relacionada e constitui uma realidade única. Animais, plantas e minerais são feitos de átomos relacionados. Os planetas, constelações e todo o cosmos estão relacionados. Carl Jung e Wolfgang Pauli chamaram essa realidade de "Unus mundus".

Que papel as coincidências
desempenham na minha vida?

Nesse ponto, cada leitor pode legitimamente formular essa pergunta e pode esperar por uma resposta. Sabemos que coincidências significativas acontecem. Infelizmente, até hoje consideramos coincidências como fatos bizarros e às vezes misteriosos, mas sem importância em nossa vida diária.

Coincidências significativas podem ser definidas mais precisamente com o nome de "sincronicidade". Com este nome indicamos as pistas que tentam explicar as mensagens e intenções de uma "Mente do mundo".

Toda sincronicidade contém uma mensagem dirigida a nós, útil para nos guiar no crescimento interior. Infelizmente, a linguagem dessas mensagens é simbólica. Nós nos esforçamos para sintonizar o comprimento de onda correto para decifrar o conteúdo dessas mensagens.Uma citação do físico americano Joseph Henry pode nos ajudar a entender o conceito:

"As sementes de toda grande descoberta estão constantemente presentes no ar que nos rodeia, mas elas

caem e criam raízes apenas em mentes preparadas."

Estamos acostumados a atribuir fatos incomuns ao acaso. Quando as coincidências são negativas, as atribuímos ao destino, enquanto quando são positivas, as atribuímos à sorte.

Nós citamos algumas outras frases famosas. Arthur Schopenhauer disse:

"O destino embaralha as cartas e nós jogamos."

Em vez disso, Louis Pasteur falou assim de sorte:

"A fortuna favorece mentes preparadas"

Estas declarações implicam que toda oportunidade, misturada com uma dose de preparação, pode nos ajudar a construir uma vida melhor.

A preparação consiste em saber captar, em momentos apropriados, os sinais de trânsito, da mesma forma que sabemos ler sinais de trânsito, enquanto dirigimos nosso carro.

Sincronicidades são sinais orientadores, indicadores que simbolicamente nos mostram uma direção.

É difícil entender as mensagens simbólicas que vêm da dimensão espiritual, porque vivemos profundamente imersos na dimensão física.

Além disso, como já mencionado, as sincronicidades são construções feitas de eventos desconectados uns dos outros. Esses eventos não têm laços de causa e efeito e são distribuídos no espaço e no tempo, por isso é difícil relacioná-los.

As coincidências só se tornam significativas quando conseguimos atribuir um significado.

Muitas vezes precisamos usar um processo mental irracional para ligar certos fatos entre eles.

Em muitos casos, é necessário ignorar a lógica cotidiana da temporalidade, segundo a qual algumas coisas acontecem antes e outras depois. Em sincronicidades isso não importa e os fatos podem ser colocados em qualquer lugar na escala de tempo.

O significado que atribuímos às sincronicidades é gerado em um nível espiritual.

Consequentemente, se quisermos entender por que damos um significado especial a qualquer um dos fatos, devemos investigar a profundidade de nosso espírito. A interpretação elaborada pelo nosso espírito é sempre iluminada pelas simbologias que possuímos.

O simbolismo das sincronicidades que recebemos está sempre ligado às simbologias presentes em nossa psique.

Nós mantemos a chave interpretativa para as sincronicidades que recebemos. Essa chave está presente em nossa consciência ou em nosso inconsciente.

Sincronicidades são símbolos arquetípicos. Eles não podem se manifestar em uma forma simbólica completamente desconhecida. Quando uma pessoa recebe uma sincronicidade de forma simbólica, esse símbolo já passou do inconsciente coletivo para o inconsciente individual.

As simbologias evocadas pelas sincronicidades não são indecifráveis porque já estão presentes, enraizadas e entrelaçadas em nosso inconsciente.

Decifrando sincronicidades.

As sincronicidades têm características específicas pelas quais a decifração da mensagem é possível quase exclusivamente para aqueles que as recebem. Essas características são o caráter simbólico e o elo estreito com o inconsciente do indivíduo.

A metodologia dos terapeutas profissionais pode ser uma exceção. Eles são capazes de aprofundar as camadas de consciência profunda, isto é, aquelas que nem mesmo o mesmo sujeito pode explorar objetivamente.

Na maioria dos casos, ninguém recorre a um psicoterapeuta para ajudar a revelar o simbolismo das mensagens sincronísticas. Consequentemente, podemos dar aqui alguns conselhos grosseiros que podem ajudar na interpretação.

O primeiro conselho é óbvio.

Nunca considere coincidências significativas como resultado do acaso. Eles podem ser mensagens de uma "mente superior". Essa "Mente" coordena a harmonia do universo e quer nos ajudar a manter nossa harmonia. Quer nos tornar beneficiários do bem-estar interior.

O segundo conselho é confiar principalmente no próprio julgamento. Nosso julgamento é certamente o mais qualificado e o mais informado para guiar nossa interioridade na elaboração do significado dos símbolos.

Como já mencionado, cada um tem as chaves interpretativas das simbologias que recebe.

Os símbolos são a herança de toda a humanidade, mas, ao mesmo tempo, estão intimamente conformados ao nosso "Selbst", à nossa cultura e à nossa maneira de ver o mundo.

Podemos dizer que o símbolo é como a ponta de um dedo. Existem bilhões de dedos, mas ao mesmo tempo não encontramos dois iguais. Cada um tem suas próprias impressões digitais únicas e inconfundíveis.

O terceiro conselho consiste em não ter pressa em atribuir significados.

Frequentemente, uma sincronicidade é composta de vários eventos distribuídos ao longo do tempo. Precisamos criar uma gaveta secreta em nossa mente na qual depositamos as mensagens que não entendemos.

Toda vez que recebemos uma nova mensagem, devemos compará-la com todas as que ainda não resolvemos. Essa prática pode dar resultados surpreendentes.

Se rapidamente apagarmos de nossa mente toda curiosa coincidência, corremos o risco de interromper um caminho. Talvez a coincidência cancelada tenha sido um elo importante.

De fato, uma sincronicidade pode ser explicada através de dias ou meses, ou mesmo anos, e qualquer nova coincidência significativa pode ser a conclusão de uma coincidência anterior.

O lugar de onde vêm as sincronicidades é muitas vezes referido como "não-localidade", porque não é possível colocá-lo no espaço ou no tempo. Não há espaço ou tempo no nível não local. Isso é cientificamente comprovado pela física quântica e pela recente descoberta do fenômeno chamado "emaranhamento", que descrevi em seus elementos essenciais.

Como apêndice deste terceiro conselho, forneço outra indicação.

Muitos estudiosos e autores apoiam a utilidade de manter um diário de coincidências. Nesse diário também podemos notar os sonhos significativos, isto é, aqueles que mais nos impressionaram. Os sonhos podem ser sincrônicos ou proféticos. Isto é especialmente verdade quando o evento sonhado realmente acontece. São casos raros, porque até os sonhos são baseados em simbologias. É possível dar significado a um evento conectando-o a um sonho.

Os três níveis de realidade

Do que foi mostrado nos capítulos anteriores, emerge uma representação do universo muito diferente da que estamos acostumados a considerar.

Claro, todos nós continuamos a ver o mundo como sempre vimos. Isso acontece porque os cinco sentidos que a natureza nos deu são adaptados para experimentar esse mundo.

As necessidades vitais e as necessidades de sobrevivência significam que podemos ver, tocar, cheirar, ouvir e saborear a realidade na dimensão que se ajusta a nós mesmos.

de fato, nossos sentidos não são eficazes fora de nossa dimensão. Não podemos explorar galáxias distantes com a nossa visão. Nossos olhos não podem observar os movimentos dos micróbios.

Não percebemos o cheiro da explosão de supernovas nem a cor das moléculas que compõem os vários corpos.

Essas funções vão além de nossas necessidades básicas. A evolução nos tornou especializados apenas pelo que é indispensável para nossa existência.

A maioria das freqüências produz cores e sons que não são visíveis ou audíveis para nós

O sentido do tato e o sentido do paladar, até onde podemos considerá-los refinados, nos permitem distinguir claramente apenas uma gama estreita de sabores e cheiros.

Podemos dizer que nossos cinco sentidos são ferramentas muito grosseiras e muito limitadas em comparação com as infinitas variações produzidas pelo universo.

No entanto, também temos dois outros sentidos. O sexto sentido é a intuição, que nos permite processar informações muito úteis na vida cotidiana simples, mesmo que essa informação não seja indispensável para a sobrevivência.

A intuição é uma ferramenta maravilhosa, que processa nossas experiências e fornece conselhos sobre o comportamento.

Os primeiros homens podiam adivinhar a comestibilidade das bagas ou o perigo de picadas de insetos, avaliando sua cor ou a forma de seu corpo. Com base em uma análise sumária das aparências, eles conseguiram calcular a maior ou menor possibilidade de risco.

Hoje usamos a intuição para avaliar pessoas e ocasiões. Muitas vezes, graças à intuição, somos capazes de amadurecer uma desconfiança espontânea em relação àqueles que gostariam de nos enganar. Então, podemos também adivinhar quem poderia nos ajudar.

A intuição nos ajuda a discernir os lados positivos e negativos relacionados a um determinado negócio. A intuição geralmente desempenha um papel decisivo em nossas decisões. Certamente o intuto é uma ferramenta imperfeita, mas a experiência nos ajuda a melhorá-lo.

O sexto sentido, ou intuição, baseia-se unicamente no pensamento, mas não tem nada de misterioso sobre isso. as informações que usamos para formular nossos julgamentos estão todas contidas em nossa memória e em nossa bagagem cultural. Todo o processo intuitivo ocorre dentro da nossa psique. A intuição não usa conhecimento além do que já temos. Naturalmente, a intuição é consistente com o mundo exterior à psique, isto é, com a realidade física.

O nível quântico e o nível não local

Podemos definir o "nível físico" no ambiente em que vivemos. O nível físico é feito de objetos sólidos e separados um do outro. Este nível também inclui a parte extremamente grande do cosmos, como os planetas e constelações. Hoje a ciência nos diz que há pelo menos dois outros níveis. Embora não possamos entender esses níveis com nossos sentidos limitados, eles ainda existem. Sua existência é confirmada além de qualquer dúvida.

O segundo nível é quântico. Este é um "espaço" no qual partículas elementares se movem e operam livremente. Essas partículas não estão sujeitas a nenhuma das restrições que afetam o nível macroscópico da matéria. Como vimos, as partículas estabelecem ligações recíprocas sem limites de espaço e tempo.

Essa característica sugere a existência de um terceiro nível, o da não-localidade, que não é feito de matéria. A não-localidade contém apenas energia e informação.

Não-localidade é o nível em que todo o universo está conectado e forma um "entrelaçamento" universal. A não-localidade contém toda a informação, que é toda a inteligência cósmica obtida desde o primeiro momento da criação.

Esta informação é apoiada por uma energia desconhecida e ilimitada, que distribui onde quer que seja necessário.

O sétimo sentido

Se quisermos acessar a realidade não local, os cinco sentidos não podem nos ajudar. Nem mesmo a intuição pode nos ajudar. Nós precisamos do sétimo sentido.

O sexto sentido vem em nosso socorro processando apenas as informações que acumulamos em nossa experiência diária,

Em vez disso, o sétimo sentido nos permite entrar em contato com um depósito imensamente mais rico, que contém toda a experiência do universo.

A partir desse depósito, os pressentimentos, as premonições e toda a gama de fenômenos que chamamos de extra-sensoriais descem à nossa consciência.

O nível de não-localidade sempre foi conhecido por toda civilização, por toda filosofia e por toda religião. Infelizmente, não foi possível provar sua existência. Hoje, finalmente, a evidência existe.

Podemos ter certeza de que uma inteligência supervisiona o funcionamento do nível não local. De fato, como poderia ser governado pelo acaso?

Deste nível, recebemos mensagens. Na maioria dos casos, essas mensagens são simbólicas e lutamos para decifrá-las.

No entanto, é possível que no futuro a humanidade seja capaz de desenvolver um plano de compreensão mais avançado que o atual. .

Cada um pode chamar o nível da não-localidade com o nome que preferir. Podemos citar muitas expressões: Mente Universal, Mente Global, Mundo das Idéias, Mente do Universo, Inconsciente Coletivo, Não-Localidade, Tao, Atman, Deus, Espírito Santo.

Sabemos que ela existe e sabemos que a partir desta "Entidade superior" existem auxílios úteis para o crescimento dos indivíduos e o desenvolvimento de toda a raça humana.

Nós chamamos essas ajudas de "coincidências significativas" e "sincronicidade", referindo-se às teorias junguianas. No entanto, todos podem chamar essas intervenções com o nome que preferirem: inspirações, profecias, revelações, milagres ou o que for.

Talvez nunca possamos revelar em detalhes os mistérios sobre os quais falamos. Mas há uma novidade importante. No passado, nos referimos a hipóteses sugestivas, das quais não pudemos fornecer evidências. Hoje falamos com confiança e confiança sobre um nível espiritual ou psíquico, que realmente existe.

Bibliography

Amir Dan Aczel, Entanglement. The greatest mystery of physics.

Barbour Julian, End of the time.

Barrow John David, From zero to infinity. The great story of Nothing.

Barrow John David, The numbers of the universe,

Barrow John David, Why is the world a mathematician?

Barrow John David, look Frank The anthropic principle.

Beitman Bernard, Messages from coincidences.

Cambray Joseph, Synchronicity. Nature and Psyche In a connected universe.

Cantalupi Tiziano, Santarcangelo Donato, Psychism and reality. .

Capra Fritjof, The Tao of physics.

John Cederquist, Coincidences They don't exist.

Cesati Cassin Marco, We're not here by chance.. The power of coincidences.

Subrahmanyan Chandrasekhar, Truth and Beauty. The reasons for aesthetics in science.

Chinnici Giorgio, Case Guard. The secret mechanisms of the quantum world

Chopra Deepak, Coincidences

Ford Kenneth, The world of Quanta. Quantum physics For everyone.

Gamow George, The Adventures of Mr. Tompkins.

Gamow George, Mr. Tompkins ' New World.

Goswami Arneb, Quantum Lighting Guide.
Greene Brian, The plot of the cosmos. Space,
Greene Brian, The hidden universes of parallel reality And the profound laws of the cosmos.
Greene Brian, The elegant universe. Superstrings, hidden dimensions and the pursuit of definitive theory.
Hawking Stephen The Universe in a nutshell.
Hawking Stephen The theory completely. Origin and destination Dell Universe.
Hawking Stephen The great history of the time.
Hawking Stephen Do Big Bang For black holes. A brief history of the universe.
Heckler, Richard, Coincidences.
Robert Hopke, Nothing happens by chance.
Joseph Frank, The power of coincidences.
Young Carl The analysis of Dreams. Archetypes of the unconscious. Synchronicity.
Young Carl Memories, DreamsReflections.
Kane Gordon, The Garden of Particles Elemental.
Shani Mani Quantum. From Einstein In Bohr, quantum theory, a new idea of reality..
Rei Hans, Christianity and Chinese religiosity.
Lederman Leon, Hill Christopher, Physical Quantum for Poets
Licata Ignazio, Watching the Sphinx.
Motterlini Matteo, Mental traps.
Peat David, Synchronicity. A union between the matter e Psyche.
Popper Karl, The Ego and your brain.
Radin Dean. Intertwined minds. Psychic phenomena explained by quantum physics.

Rhine Louisa, Psychokinesis. in mind Dominates matter..

Schumacher Ernst, A guide to the Perplexed, the B

Sheldrake Rupert, The illusions of Science.

Sheldrake Rupert, The mind Extended..

Michael Smith, Young and Shamanism.

Sparzani and Panepucci. (Curators) Young and Pauli. The original correspondence: The meeting between psyche and matter.

Henry Stapp Quantum theory and free will..

Michael Talbot, All is a. Feltrinelli

Teodorani Massimo, Bohm. The Physics of Infinity.

Teodorani Massimo, in mind Creative. From the physical universe to intelligent life.

Teodorani Massimo, The entanglement. The Weave In the quantum world: particles To consciousness.

Teodorani Massimo, Synchronicity. The link between physics and psyche. Da Pauli Young ' s Next In Chopra.

Teodorani Massimo, The Atom and the particles Elementary.

Seems Frank The physics of Immortality.

John White, The encounter between science and spirit..

Claudio Widmann, Synchronicity and coincidences Significant.

Claudio Widmann, Introduction to Synchronicity.

Impressão concluída em 5 de abril de 2022
José Moniz é o pseudónimo de Bruno Del Medico,
blogueiro, escritor, editor, especializado na
divulgação de temas relacionados a atualidades
sociais e as novas fronteiras da ciência. É autor de
muitos livros sobre a recente pandemia e de
ensaios sobre física quântica e metafísica.